캡컷 PC 베이직 - 프리미어보다 편한 영상편집 프로그램

발 행 | 2023년 06월 06일
저 자 | 이 동 윤

펴낸곳 도서출판 윤들닷컴
출판사등록 2017.06.01.(제2017-000017호)
주 소 부산광역시 해운대구 선수촌로 146-4, 101-1202
전 화 010-9288-6592
이메일 orangeki@naver.com
ISBN 979-11-92581-09-5

프리미어보다 편한 영상편집 프로그램

캡컷 PC 베이직

|

이동윤

목 차

영상편집 초보도
쉽게 배울 수 있는
캡컷 따라 해보기

캡컷 도서를 출판하는 이유

안녕하세요. 저자 윤들닷컴 이동윤입니다. 캡컷 모바일 버전의 도서를 출판하고 1년이 지나는 시점에 PC버전 캡컷의 책을 출판하게 되었습니다.

저자가 운영하는 유튜브 교육채널 "윤들닷컴"에서 모바일 버전과 PC 버전의 캡컷 강의를 꾸준하게 올리면서, 댓글로 다양한 질문들을 받고 있습니다.

이전 콘텐츠에서 다루었던 내용이나, 중요하다고 따로 제작해서 올렸던 영상이 있음에도 불구하고 반복적으로 동일한 질문이 많이 올라옵니다.

아무래도 유튜브는 콘텐츠를 올리는 사람이 아무리 커리큘럼대로 콘텐츠를 제작하여 올려도 검색을 기반으로 영상을 시청하는 분들이 많아서, 영상편집을 배울 때 일련의 순서 없이 중구난방으로 정보를 습득해서 제대로 영상편집을 배우는데, 시간과 노력이 불필요하게 허비되고 있는 것을 알게 되었습니다.

이런 이유로 초보자들이 좀 더 쉽게 영상편집을 배울 수 있도록 잘 정리된 교재를 출간할 필요성을 느끼고, 캡컷 PC버전 출시가 한 참 지났지만 이제야 간단하지만 제대로 된 책을 집필하고자 열심히 글을 쓰고 있습니다.

왜 수많은 영상편집 프로그램과 모바일앱이 있음에도 불구하고 캡컷을 배워야 하는지 저자가 생각하는 이유를 다음 챕터에서 자세하게 설명하고, 바로 실전 영상편집을 시작하려고 합니다.

영상편집 캡컷을 추천하는 이유

요즘 대세, 모바일 영상편집앱 분야 글로벌 다운로드 1위, 무료 프로그램 등 다양한 추천 사유가 있지만 저자가 생각하는 캡컷의 장점은 바로 배우기 쉽다는 점입니다.

저자는 컴퓨터그래픽과 멀티미디어디자인을 전공했고, 어도비 계열의 온갖 프로그램을 능수능란하게 사용할 수 있습니다. 프리미어, 에프터이펙트, 파이널컷, 다빈치리졸브, 베가스 등의 영상편집 프로그램도 모두 잘 다룹니다. 당연히 전공자이고 현재까지 실무적인 사용으로 하고 있으니 몇십 년간 익숙해져서 잘 다루고 있는 것이 당연하겠지만, 전공자가 아니거나 컴퓨터 사용에 능숙하지 못한 사람이 영상편집을 직업으로 가지지 않는 한 이 정도의 노력과 시간을 투자하기는 어렵습니다.

저자도 그중에서 제일 쉽다는 프리미어를 오프라인과 온라인에서 수백 차례나 강의해보았지만, 절대로 단기간 내에 배우는 사람의 욕심만큼 결과물을 만들어 낼 수 있도록 가르치는 것이 불가능하다가는 것도 다양한 강의 경험으로 알고 있습니다.

당연한 말이지만 프로그램이 아무리 쉽다고 해도, 결국 배우는 사람의 노력과 반복 학습이 따르지 않으면, 배운 내용도 점차 잊게 되고, 결국은 영상편집기술을 익힐 수 없습니다. A.I로 영상을 자동으로 만들어주는 세상이 왔다고는 하지만, 결국 우리가 이때까지 몇십 년을 봤던 영상의 결과물과는 결이 완전히 다른 결과물을 보면 역시 사람 손을 거쳐서 수작업으로 만든 영상은 아직 필요하다는 것을 느낍니다.

저자가 생각하는 초보자가 쉽고 빠르게, 그리고 배울 때도 바로바로 원하는 결과물이 나와서 재미를 느끼며 배울 수 있는 영상편집 프로그램은 생각보다 많지 않습니다.

그러던 중에 PC 영상편집보다는 간편하게 작업할 수 있는 모바일 영상편집앱들이 나오기 시작했고, inShot, VLLO, 캡컷 모바일, Vita 등의 앱들은 초보자들의 영상편집 진입 문턱을 많이 낮추는 데 일조했다고 생각합니다. 다만, 작은 화면으로 편집을 하는 것에 불편함을 느끼는 사람들이 많습니다. 정교한 작업이 필요한 경우에 손끝으로만 편집하는 것이 어렵고, 스마트폰 화면이 작다 보니 시력이 안 좋은 분들은 조금만 편집해도 눈이 아프고 머리가 어지럽습니다.

저자도 PC버전의 캡컷이 나오고 나서, 모바일과 사용을 분리해서 활용하고 있습니다. 비교적 긴 편집 시간이 필요한 유튜브 영상은 PC버전에서, SNS에 올리는 숏폼 영상은 모바일앱에서 제작합니다. 그럼 PC버전 캡컷의 장점이 뭘까요? 저자가 생각하는 장점은 아래와 같습니다.

● 비교적 쉽게 배울 수 있다.
● 무료 프로그램이다.
● 큰 화면에서 편하게 편집할 수 있다.
● 한글 인터페이스를 지원한다.
● 다양한 효과를 무료로 제공한다.
● 고사양의 컴퓨터가 아니어도 동작한다.
● 자동 자막 생성 시, 음성 인식률과 정확도가 높다.
● 화면을 꾸밀 수 있는 다양한 스티커를 제공한다.
● 고가의 프로그램에서 지원하는 기능도 대부분 제공한다.
● 기능 업그레이드가 매우 빠르다.

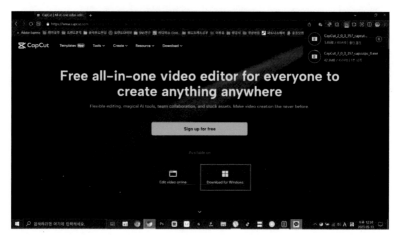

www.capcut.com 사이트에 접속해서 윈도우용 캡컷 설치 파일을 내려받습니다. 매킨토시 사용자라면 같은 위치에 맥용 캡컷 설치 파일을 내려받는 이미지가 보입니다.

내려받은 설치 프로그램을 실행하고, 설치화면에서 설치 진행합니다.

설치 과정을 잠시 기다리면, 캡컷에 대한 간략한 특징을 보여주는 화면이
지나가고 금방 설치가 완료됩니다.

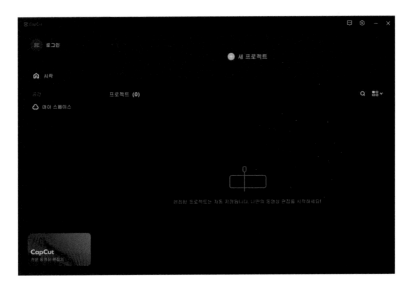

설치가 끝나면 위 이미지와 같은 화면이 나타납니다. 이제 바로 캡컷을
사용할 준비가 되었습니다.

다음 챕터에서는 캡컷 최초 설치 후에 반드시 체크할 설정을 알려드리겠
습니다.

필수! 캡컷 초기 세팅하는 법

너트 모양의 아이콘을 누르고, [환경 테스트] 메뉴를 클릭합니다.

몇 초간의 컴퓨터 성능을 테스트하는 시간이 지나면, 여러분의 컴퓨터가 캡컷을 구동하기에 충분한 성능을 가졌는지 알려줍니다.

영상편집 프로그램은 대체로 높은 사양의 컴퓨터가 필요합니다. 낮은 성능으로는 동작은 가능해도 실제 편집이 안 될 정도로 버벅거리게 됩니다.

다시 너트 모양 아이콘을 누르고, [설정] 메뉴를 클릭합니다.

프로젝트 - 캡컷에서 편집할 때, 환경을 저장하는 개념
저장 - 컴퓨터에 폴더로 저장되는 실제 파일 (위치 변경 가능)
캐시관리 - 캡컷의 각종 기능을 서버에서 내려받아 미리 저장함

위 설정대로만 세팅하면 됩니다. 캐시 크기는 비울 필요 없습니다.

편집 탭으로 이동해서, 자유레이어 항목을 반드시 체크 해두세요. 체크하지 않으면 타임라인에서 각종 클립의 계층구조(레이어)를 만들 수 없게 됩니다.

그 외의 설정은 만질 필요 없으나, 만약 촬영할 때 60FPS로 세팅하고 주로 촬영한다면 프레임 속도는 60.00fps로 맞춰주는 것이 좋습니다.

캡컷에서 편집한 영상을 유튜브나 SNS에 릴스, 숏폼, 틱톡 등에 주로 올린다면, fps 설정은 굳이 변경할 필요 없습니다.

위 화면과 같이 모든 설정을 체크(활성화)해두면 됩니다. 사용하는 컴퓨터의 성능을 최대한 끌어내는 속성입니다.

프록시 - FHD, 4K 영상으로 촬영하였으면 캡컷에서 실시간 미리보기 편집하려면 엄청난 고성능 PC가 필요합니다. 따라서 원본 영상을 좀 더 작은 크기로 자동 변경해주는 기능입니다. 켜두는 것이 유리합니다.

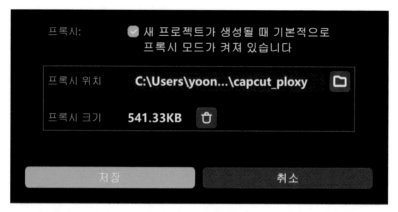

프록시 위치는 여러분이 관리하기 편한 폴더 위치로 변경해도 됩니다. 프록시 폴더에는 편집하는 도중 저용량의 동영상이 자동 생성되는데, 편집이 완전히 끝나고 결과물을 만들어냈다면 프록시 파일은 종종 지워야 컴퓨터에 쓰레기가 쌓여 저장용량이 줄어들지 않습니다.

쓰레기통 아이콘을 눌러 지워주거나 직접 프록시 폴더에 들어가서 직접 파일들을 지우는 방법도 있습니다. 저자의 경우 두 번째 방법을 더 자주 사용합니다.

간혹, 캡컷에서 편집할 때 외장 USB를 꽂아서 영상파일을 PC에 옮기지도 않고 바로 편집하는 사람들이 있는데, 이러면 굉장히 편집 속도가 느려집니다. 컴퓨터 용량이 부족해서 외장 저장장치를 쓴다면, 꼭 연결방식이 안정적인 SSD 급의 USB-C 외장하드를 사용하세요.

이 경우에도 프록시 파일이 저장되는 폴더의 위치는 기본세팅은 C 하드에 저장되니 필요하다면 외장하드로 프록시 폴더 위치를 변경해주고 편집이 끝나면 주기적으로 파일을 삭제하는 것이 좋습니다.

베타 버전 업그레이드는 주의하세요

캡컷은 프로그램 업데이트가 잦은 편입니다. 너트 모양 아이콘에 노란색 점이 생기면 업데이트가 가능하다는 신호인데, 무턱대고 업데이트하면 문제가 생기는 경우가 종종 있습니다.

버전을 확인해서 '베타'라는 표시가 있으면 정식 버전을 올리기 전에 다양한 문제점을 테스트하고 있는 상태의 버전이라는 의미이므로 기다렸다가 정식 업데이트 버전이 나오면 그때 해도 늦지 않습니다.

저자도 최신 병이 있어서 업데이트했다가 낭패를 본 적이 있긴 합니다.

새 프로젝트 열고 영상편집 시작하기

[+ 새 프로젝트]라고 표시된 부분을 클릭합니다.

아래에 프로젝트(0) 표시된 영역은 이제 막 캡컷을 설치하고 편집을 한 번도 한 적이 없으므로 빈 영역으로 표시됩니다만, 일단 편집을 시작하면 편집 기록을 남기게 됩니다.

일반적인 컴퓨터 프로그램과 캡컷이 다른 점이 몇 가지 있습니다. 우선 사용자가 임의대로 작업 도중 저장할 수 없습니다. 즉, Ctrl+S를 누르거나 메뉴에서 저장하기 같은 기능이 없습니다. 무조건 자동저장으로 관리합니다. 만약 편집 도중 컴퓨터 전원이 종료되어 갑자기 꺼지더라도 그 순간까지 작업한 내용은 자동 저장되어 있습니다.

저자는 자동 저장기능이 이제는 익숙해서 편하다고 생각하지만, 때에 따라서 편집을 여러 버전으로 하고 싶을 때는 불편할 때도 있습니다. 프로젝트 파일은 단독파일이 아닌 폴더 개념으로 존재하고, 별도 백업하려면 앞서 설명했듯이 설정에서 프로젝트 폴더에 찾아서 복사해두면 관리할 수 있습니다.

또한 프로젝트 파일은 버전 하위호환이 안 됩니다. 만일 무턱대고 캡컷을 최신 베타 버전으로 업데이트해 버리면, 프로젝트 파일도 업데이트가 되어 버립니다. 그 상태에서 최신 버전의 캡컷이 문제가 있어서 캡컷을 다시 지우고, 백업해둔 프로젝트 파일을 저장 위치에 복원시켜도 파일 자체가 상위 버전에 맞게 업데이트되어버려서 결국 새로 설치한 하위 버전의 캡컷에서 열리지 않게 됩니다.

저자도 이런 경우를 한 번 겪어서 편집이 완료되지 않은 상태에서는 절대로 베타 버전 업데이트하지 않고 있습니다.

새 프로젝트를 실행하면, 위 화면처럼 캡컷의 전체 인터페이스가 나타납니다. 각 영역들의 역할을 간단하게 살펴보고 짧은 컷편집 방법부터 설명하도록 하겠습니다.

처음부터 매뉴얼을 익히느라 시간을 허비할 필요는 없지만, 대략적인 화면 이해가 되면, 더 빨리 배울 수 있으니, 조금만 천천히 함께 배워가도록 하는 건 어떨까요?

[미디어 / 오디오 / 텍스트 / 스티커 / 편집효과 / 전환 / 필터 / 조정] 총 8가지 캡컷의 주요기능들을 한눈에 보며 사용할 수 있는 공간입니다. 기능메뉴를 클릭하면 화면은 그것에 맞게 변경됩니다.

미디어 - 동영상, 사진을 불러올 수 있습니다.
로컬- 컴퓨터에 저장된 파일들을 캡컷으로 불러들이는 기능
라이브러리 - 캡컷 자체에 내장된 동영상과 이미지

편집상황을 실시간 미리보기 할 수 있는 영역입니다. 타임라인 영역과 함께 사용하며, 캡컷에서 제일 많이 바라보게 됩니다. 하단에 기능이 몰려 있으며, 플레이 버튼은 키보드의 스페이스바가 단축키로 되어 있습니다.

배율 부분은 여러분이 롱폼 형식(16:9) 비율이나 숏폼 형식 (9:16) 비율로 영상을 만들 때 사용할 수 있습니다.

조정(설정) 영역

세부 정보

이름:	0513
저장됨:	C:/Users/yoondle/Desktop/CapCut Drafts/ 0513
비율:	원본
해상도:	적용
프레임 속도:	30.00fps
자료 가져오기:	원래 장소에 보관
프록시:	켜기 ⑦
자유 레이어:	켜기 ⑦

수정하기

편집할 때 화면에서 선택한 요소에 따라서 계속 바뀌는 설정창입니다. 타임라인에서 동영상클립을 선택하면 동영상 설정에 관한 내용이 나오고, 사운드클립을 선택하면 소리 설정으로 바뀌게 됩니다. 텍스트클립을 선택하면 글자를 수정하거나 속성을 변경하는 화면이 나타납니다.

여기로 자료를 드래그하여 만들기 시작

시간의 흐름에 따라 동영상, 이미지, 사진, 음악, 텍스트 등을 배치해서 영상편집의 순서를 만들어가는 영역입니다. 프리미어의 방식과 같고, 레이어 개념이 존재합니다.

캡컷에서 대부분 편집작업을 타임라인 영역에서 다루게 되고, 단축키 사용도 가장 많은 곳이라서 최대한 빨리 익숙해지도록 연습을 많이 해야 합니다.

편집을 시작하기 전에 세팅할 것들

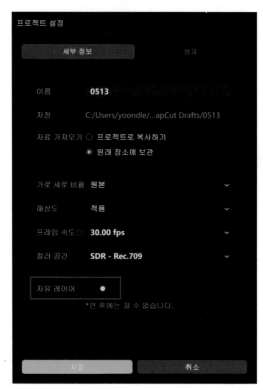

조정영역 오른쪽 아래에 있는 [수정하기] 버튼을 클릭하면, 위 화면처럼 '프로젝트 설정' 화면이 나타납니다.

반드시 자유 레이어 설정을 이미지처럼 해두고, 나머지 설정은 굳이 만질 필요는 없습니다.

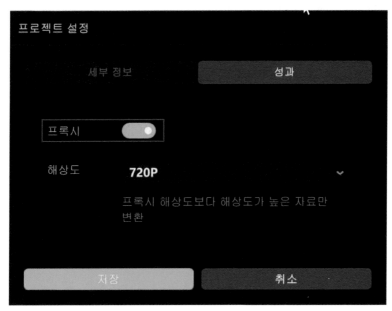

프로젝트 설정

세부 정보 | 성과

프록시

해상도 **720P**

프록시 해상도보다 해상도가 높은 자료만 변환

저장 | 취소

[성과] 탭을 눌러서 프록시 설정을 활성화하고, 해상도는 컴퓨터에 저장 공간이 극히 부족할 경우 말고는 720P로 두면 됩니다. 앞서 설명한 프록 시 개념과 함께 확인하는 부분입니다.

캡컷은 무료 프로그램이지만, 유료 프로그램에서 지원하는 대부분의 고급 설정 기능들이 적용되어 있고, 디폴트값으로 설정되어 있습니다.

더 세세하게 기능들의 원리를 설명할 수 있으나, 캡컷을 이용하여 영상편 집을 하고자 하는 사용자들은 비전공자로서 영상편집을 하고 싶어서 캡 컷을 선택한 분들이 많은 것으로 알고 있습니다.

따라서 이 책에서는 저자도 굳이 설명을 자세하게 하지 않아도 상관없을 부분들은 생략하고 넘어가고 있습니다.

www.pexels.com 에 접속하고, 위 이미지처럼 검색영역에 '계절'이라고
입력하고 검색 결과로 나온 무료 영상을 사용하도록 하겠습니다.

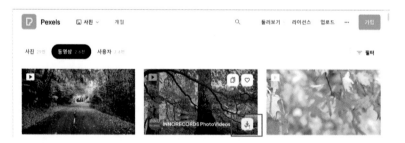

저자와 동일한 파일을 받지 않아도 관계는 없으나 최대한 비슷해 보이는
동영상을 내려받으시면, 실습할 때 따라서 배우기 편합니다. 단풍나무가
있는 영상의 다운로드 버튼을 눌러 영상을 받습니다.

다운로드는 무료로 할 수 있고, 매번 도네이션을 유도하지만 무시해도 됩니다. 그리고 하루에 내려받는 횟수가 많으면, 다운로드가 제한되기도 하는데, 회원가입만 하면 무제한으로 이용할 수 있습니다.

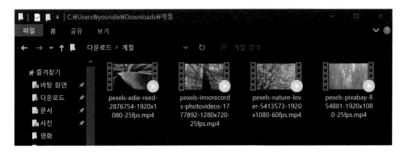

봄, 여름, 가을, 겨울 느낌이 나는 4개의 무료 영상을 내려받았습니다. 독자 여러분들도 마음에 드는 영상을 받아두시면 됩니다. 단, 영상은 가로영상과 세로영상이 있다면 가로 영상으로만 받아주세요. 편집 과정을 따라서 배우기에 편할 겁니다.

영상은 촬영 당시의 주변 소리가 포함된 것도 있고, 무음인 것도 있는데. 중요한 건 아닙니다. 이 영상 4개로 캡컷에서 가볍게 컷편집 과정을 배워보도록 하겠습니다.

편집하고 싶은 파일 캡컷에 가져오기

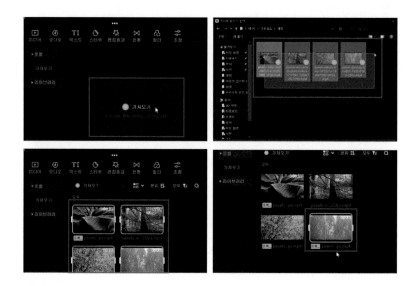

미디어 영역에서 가져오기 버튼을 클릭하고, 탐색기 팝업창에서 내려받은 영상 4개를 모두 선택하고, [열기] 버튼을 누르면 캡컷의 미디어 영역 공간에 나타납니다. 프록시 설정이 되어 있으므로 FHD 이상 크기의 영상은 프록시 파일을 생성합니다. 프록시 파일 생성이 끝날 때까지 기다리지 않아도 편집하는 동안에 계속 변환하므로 편집을 바로 시작해도 됩니다.

프록시 파일 변환은 조정 영역에서 확인할 수 있고, 완료되면 불러온 영상의 아래쪽에 회색 글자로 [프록시] 표시가 나옵니다.

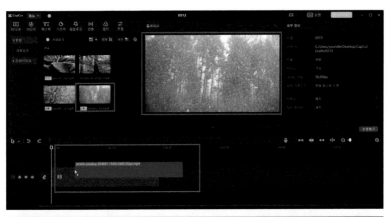

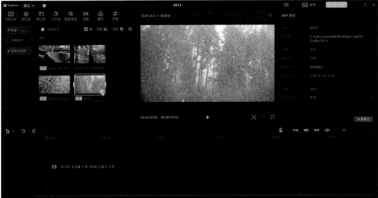

영상의 맨 처음에 나오게 하고 싶은 동영상 파일을 선택하면, 플레이어 영역에 미리보기로 확인할 수 있습니다. 선택한 영상의 오른쪽 아래 끝에 + 버튼을 누르면 타임라인에 자동으로 배치됩니다. 혹은 마우스로 끌어 당겨서 타임라인에 직접 배치할 수 있습니다.

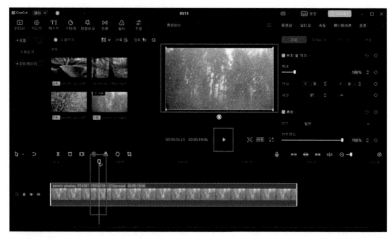

타임라인 영역에 놓은 동영상클립에 위치한 조절기, 현재위치표시기 혹은 타임인디케이터라고 부르는 수직 표시기를 마우스로 좌우로 드래그하거나, 플레이어 영역에 재생버튼을 누르거나, 키보드 스페이스바를 눌러서 영상을 재생할 수 있습니다.

화면을 보면서 영상에서 필요 없는 부분을 먼저 제거하는 과정을 '가편집'이라고 하는데, 촬영소스를 전부 다 편집할 때 사용하는 건 아니니 영상클립 하나에는 분명 앞부분과 끝부분에 필요 없는 구간이 있습니다. 예를 들자면 촬영할 때 카메라가 흔들렸거나 하는 부분이죠.

위 화면처럼 임의로 영상클립의 앞부분에 현재위치표시기를 끌어다 두고 기준점 삼아서 영상클립을 잘라서 분리할 수 있습니다. 영상의 앞부분에 있으니 이를 시작점 혹은 in point라고 부릅니다.

이제 컷편집을 해볼 준비가 끝났습니다.

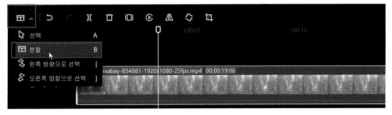

타임라인에서 분할 기능을 선택하거나, 단축키 B를 누르면 마우스 커서가 면도날 모양으로 변경됩니다.

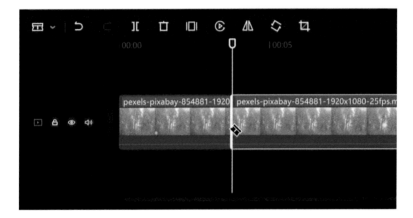

현재위치기가 위치한 곳을 클릭하면 영상 클립이 2개로 분리됩니다. 영상 클립을 분리하는 이유는 결과론적으로는 컷편집을 하고자 하는 것이지만, 개념적으로는 필요 없는 부분을 버리려면 먼저 클립을 선택해야 하는데, 자르지 않으면 통째로 선택되고 부분 선택을 할 수 없습니다. 따라서 필요 없는 부분을 먼저 현재위치기로 표시해두고 면도칼 기능으로 잘라서 분리한 다음, 각각 선택이 가능한 상태를 만들고, 필요 없는 부분을 다시 선택상태로 만들어서 삭제하기 위해서라고 말할 수 있습니다.

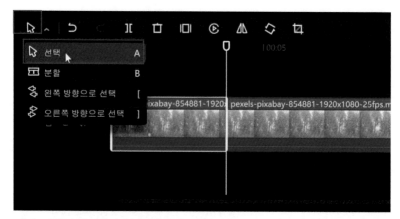

다시 마우스를 면도칼(분할)에서 선택 기능으로 바꿉니다. 매번 이렇게 뭔가를 클릭해서 기능을 바꾸기가 귀찮으니 단축키 개념이 있습니다. A 는 선택, B는 분할입니다. 대소문자는 상관없지만 한영키로 영문상태일 때만 적용됩니다.

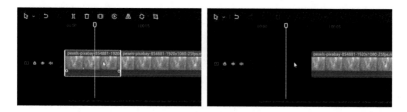

분리된 클립의 앞부분을 클릭하면 흰색 테두리가 생깁니다. 선택되었다는 의미입니다. 키보드에서 Del 키나 Backspace 키를 누르면 오른쪽 화면처 럼 타임라인에서 제거됩니다.

저자는 상황을 보여주려고 필요 없는 클립을 삭제한 다음, 비어 있는 영 역이 표시되도록 해뒀으나 여러분은 타임라인에 삭제된 클립의 길이만큼 빈 영역이 표시되지 않습니다. 이유는 이어서 설명합니다.

타임라인의 마그넷 기능 알아보기

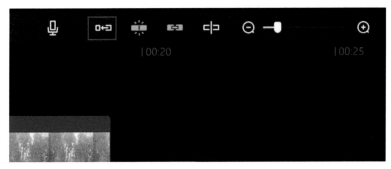

위 화면에서 빨간 사각형으로 표시해둔 부분은 [메인 트랙 마그넷 켜기] 라는 기능입니다. 번역투라 좀 어색한데, 메인트랙에 존재하는 요소들인 영상클립이나 사진, 이미지들을 타임라인의 트랙에 배치할 때 서로 빈 공백없이 딱딱 들러붙도록 만드는 기능입니다.

메인트랙 - 영상편집에서 가장 기본이 되는 트랙. 육상트랙을 닮았다고 트랙이라고 부르는데 메인트랙, 사운드트랙, 텍스트트랙, 오버레이트랙, 조정레이어트랙 등 다양하게 존재합니다. 마그넷 기능은 오로지 메인트랙 에만 적용되는 기능입니다.

마그넷 기능을 사용하지 않으면 편집하다가 실수로 클립 간에 공백을 만 들게 되는데 이렇게 되면 영상을 재생할 때 클립 사이의 빈 공백이 검은 색 화면으로 보이게 됩니다. (의도치 않았다면 분명히 방송사고 수준)

따라서 이런 실수를 미리 방지하고자 한다면, 마그넷 기능을 평소에도 켜 두는 편이 좋습니다.

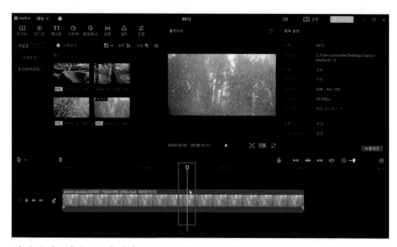

앞부분의 일부를 삭제하고 8초 정도만 영상을 사용하려고 합니다. 현재 위치표시기를 위 화면과 같이 8초에 위치시키고, 8초 이후의 장면들은 사용하지 않으려고 합니다.

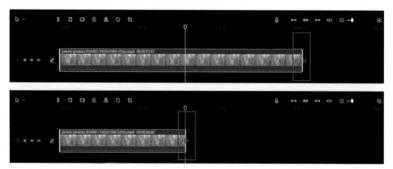

영상클립의 오른쪽 끝에 마우스를 두면, 커서 모양이 바뀝니다. 현재위치 표시기의 위치까지 클릭&드래그합니다.

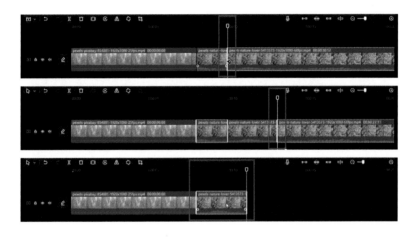

두 번째 영상은 벚나무가 흔들리는 촬영 소스입니다. 컷편집이 완료된 첫 번째 영상 오른쪽에 이어서 붙인 다음, 적당한 구간만 남기고 모두 삭제했습니다.

저자는 영상을 재생해보고 카메라의 흔들림이 적고, 줌(확대)하기 전의 일부 장면만 남겼는데, 시간으로 말하자면 8초~13초 사이 구간입니다.

촬영한 영상을 살펴보고 '여기서부터~여기까지' 사용해야겠다고 판단이 되면 기준점을 현재위치표시기로 설정해두고, 자르고, 필요 없는 부분을 선택하고, 지우고 과정을 반복하면 됩니다.

익숙해지기 위해서 굳이 연습을 많이 할 필요는 없습니다. 여러분이 직접 촬영한 소스를 확인해보면 필요한 부분과 필요 없는 부분이 보일 겁니다.

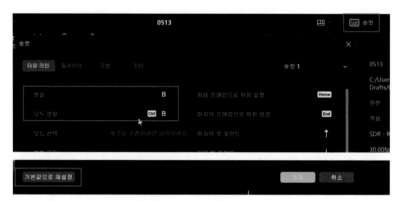

캡컷 화면 오른쪽 위에 [숏컷] 버튼을 누르고 팝업창이 나타나면, 분할 기능에 적용된 단축키를 클릭하고 키보드에서 B 키를 누르면, 바꿀 수 있습니다. 이때 이미 B 단축키는 마우스 클릭에 분할(면도칼) 기능을 부여해 둔 것이라서 중복됩니다.

변경하겠느냐는 안내창이 나타나면 '덮어쓰기' 진행하도록 합니다. 또한 캡컷에 로그인하겠느냐 확인하는 안내창이 나타나면, 무시하고 계속 진행해도 됩니다.

단축키를 마음대로 바꿀 수 있지만, 저자의 경우에는 평소에 자주 사용하는 단축키 중에 키보드의 키를 2개 이상 누르는 것만 단순하게 1키로 바꾸는 것을 선호합니다. 마음대로 바꾸더라도 단축키 설정 팝업창 왼쪽 하단에 [기본값으로 재설정] 버튼이 있으니 얼마든지 되돌릴 수 있습니다.

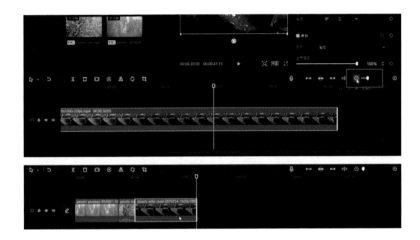

세 번째 영상은 여름날 비 오는 소스를 배치합니다. 31초 정도 되는 꽤 긴 영상인데 너무 재생 시간이 길어서 타임라인에 배치하면 한 눈에 영상 클립이 보이지 않습니다. 이럴 때 타임라인의 확대/축소 기능으로 타임라인을 축소해서 영상클립이 한눈에 보이게 합니다.

자주 사용하는 기능이므로 단축키를 외워두어야 합니다. 단축키는 대부분 사용하고자 하는 메뉴가 아이콘에 마우스 커서를 가만히 올려두면 보입니다. (확대 Ctrl ++ / 축소 Ctrl +-)

나뭇잎에 빗방울이 많이 고이는 부분만 사용하려고, 영상의 뒷부분 11초 정도를 남기고 앞부분은 삭제하였습니다. 컷편집 할 때 현재위치표시기 기준으로 키보드의 B 키만 누르면 분할되도록 단축키를 변경하니 편집 속도가 더 빨라졌습니다.

네 번째 영상은 촬영 소스의 앞부분 7.5초 정도만 남기고 나머지는 모두 삭제했습니다.

현재까지 배치된 소스들의 순서는 '겨울-봄-여름-가을'인데, '겨울-가을-여름-봄-겨울' 순서로 바꾸고 싶으면 어떻게 해야 할까요?

다른 영상편집 프로그램과 마찬가지로 캡컷에서도 타임라인에 배치된 클립의 순서를 변경할 수 있습니다.

마지막 가을 영상소스를 마우스로 클릭하여 겨울 영상 뒤쪽으로 드래그
하여 옮기면 나머지 클립들이 뒤로 밀리면서 공간이 확보됩니다.

봄 영상소스를 같은 요령으로 제일 마지막 위치로 옮깁니다.

맨 앞의 겨울 영상소스를 선택하고 마우스 오른쪽 버튼을 누르고 팝업창
에서 [사본 Ctrl+C]을 클릭하거나, 단축키를 외워서 눌러줍니다.

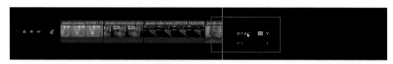

현재위치표시기를 복사한 영상을 붙여넣을 곳에 두고, 마우스 오른쪽 버튼을 눌러 팝업창에서 [붙여넣기 Ctrl+V]를 눌러서 붙여넣습니다.

붙여넣으면 메인트랙이 아닌 바로 위 트랙에 생성되는데, 직접 클릭&드래그해서 메인트랙으로 옮겨 두도록 합니다

캡컷에서 편집하면서 클립(동영상, 사진, 사운드, 텍스트 등)을 복사하거나 잘라내서 다른 위치에 옮겨 붙이는 작업은 자주 하게 될 겁니다. 단축키도 기억해두고, 현재위치표시기를 다루는 방법도 잘 기억해두세요.

이제 겨울-가을-여름-봄-겨울 순서로 편집이 완료되었습니다.

컷편집은 이때까지 여러분께 알려드린 내용이 가장 핵심입니다. 컷편집은 머리로 이해한다고 실력이 늘지는 않습니다. 반복해서 여러 번 작업할수록 당연히 익숙해지고 편집 속도가 빨라집니다.

무료 배경음악 넣어보기

오디오 영역(미디어 영역 오른쪽으로 탭 형식으로 나열되어 있습니다)에서 음악 > 여행 > 트랙에 추가 순서대로 클릭합니다.

45초가량의 배경음악이 삽입되었습니다. 영상클립의 전체 길이보다 조금 더 재생 시간이 길지만, 끝을 다양한 방법으로 조절할 수 있습니다.

캡컷 음악 저작권 알아보기

캡컷에 내장된 음악은 대부분 다른 SNS나 유튜브에서 저작권 문제가 발생합니다. 유튜브에서는 노란 딱지라는 경고가 붙고 수익화 제한이 걸리고, 페이스북이나 인스타그램에서는 소리가 나오지 않거나 화면 자체가 나오지 않는 제한이 걸립니다. 법적인 문제가 없다 하더라도 열심히 편집한 결과물을 사용할 수 없게 되면 허무하겠죠?

따라서 저자는 캡컷에서 제공하는 여러 무료 기능 중에서는 서체, 스티커, 음향효과만 사용하고 음악은 사용하지 않고 있습니다. 만약 배경음악이 필요한 경우라면 유튜브 스튜디오에서 무료로 제공하는 음악이나 유료 음원 사이트에서 정기 결제하고 필요할 때마다 무제한으로 내려받아서 사용하는 방법으로 저작권 문제를 해결하고 있습니다.

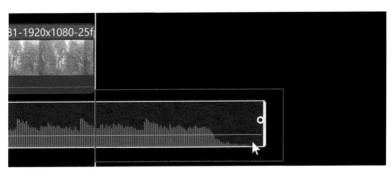

위 화면을 보면 영상클립의 끝보다 배경음악이 더 깁니다. 영상클립을 잘라서 불필요한 부분을 삭제한 방법과 같이 제거해도 되고, 혹은 그냥 둬도 됩니다. 그냥 두게 되면 끝부분에서는 소리만 나오고 화면은 검게 나오게 되는 영상으로 만들어지는데, 여운을 주는 방법으로 의도했다면 상관없습니다. 일단 그냥 잘라버리고 조절하는 방법을 사용하겠습니다.

끝부분을 삭제하고, 오디오 조정 영역에서 [페이드아웃]을 3초 줍니다.

배경음악 끝부분을 자연스럽게 줄이기

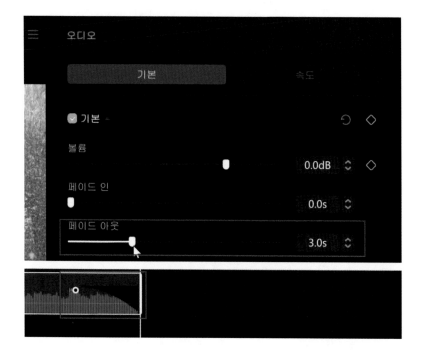

페이드 아웃을 설정하는 이유는 음악을 잘라버리면 갑자기 뚝! 끊어지는 느낌이 나게 되므로, 서서히 볼륨이 줄어드는 [페이드 아웃]을 사용하여 3초 정도 볼륨이 자연스럽게 줄어들게 만듭니다. 3초 미만이면 사람이 소리가 줄어드는 것을 알아차리기 어려우니 최소 3초는 설정합니다.

페이드 아웃을 설정하면, 배경음악이 위치한 트랙에서 사운드 클립의 끝부분이 곡선 경사면으로 표시됩니다. 흰 원형 점이 있는 위치가 서서히 사운드가 줄어들기 시작하는 지점입니다. (마우스로 조절 가능)

배경음악과 겹치는 영상의 소리 제거

영상클립을 선택하고, 오디오 조정 영역에서 볼륨 항목의 수치를 그림과 같이 조절하면 소리가 나지 않게 됩니다. 반대로 배경음악보다 크게 들리게 하고 싶다면 수치를 오른쪽으로 조절하면 됩니다.

소리를 완전하게 제거하는 그것뿐만 아니라 적당하게 볼륨을 높이거나 줄일 때도 자주 사용하게 되는 기능이며, 볼륨 조절은 사운드 클립에서도 사용할 수 있습니다.

볼륨은 0으로 설정하면 소리는 완전히 들리지 않게 되지만, 원본이 녹음된 정도에 따라서 최대치로 올린다고 해서 큰 소리로 들리지 않는 때도 있습니다.

영상클립의 자연스러운 장면전환

장면전환 혹은 트랜지션 기법이라고도 부르는데, 영상클립이 맞닿은 부분에 적용해서 화면 전환을 자연스럽게 혹은 임팩트 있게 만드는 방법입니다. 촬영 당시에 이어지는 부분을 고려해서 촬영하기도 하고, 그냥 SW 적인 방법을 사용하기도 합니다.

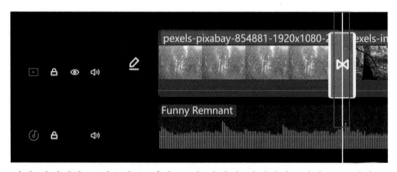

먼저 장면전환을 적용할 클립과 클립 사이에 현재위치표시기를 둡니다.

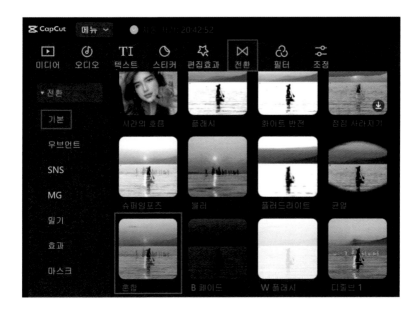

전환 영역에서 기본 카테고리를 선택하고, 혼합 설정을 선택합니다. 파란색 (+)버튼을 눌러주면 클립 사이에 전환효과가 0.5초 정도 적용됩니다.

최소 1.0초 정도는 되어야 전환효과가 인식 가능해집니다. 장면전환이 적용되는 시간을 1초 정도로 늘려줍니다

동일한 전환효과 전체 적용하기

캡컷은 프리미어 등의 영상편집 프로그램에 비해서 상당히 많은 수의 장면전환 효과를 가지고 있습니다. 적절한 효과를 사용하면 영상의 퀄리티를 높이는 데 도움이 되지만, 어울리지 않는 효과를 다양하게 사용하면 오히려 영상미를 해치는 결과를 초래합니다.

잔잔한 감성 영상을 만들 때 특히, 사람들이 익숙한 장면전환 효과를 일정하게 사용하는 것이 좋은데, 영상클립의 개수가 많으면 반복적으로 동일한 장면전환 효과를 적용하는 데 시간이 많이 소요됩니다.

이때에는 전환 조정 영역의 하단에 있는 [전체 적용] 버튼을 눌러 한꺼번에 동일한 효과를 적용할 수 있습니다.

기본 자막 넣기

현재위치표시기를 자막을 넣을 위치에 두고, 텍스트 영역에서 [텍스트 추가 > 기본]을 누르고, 기본 텍스트의 트랙에 추가 버튼을 눌러줍니다.

플레이어 영역에 '기본 텍스트' 글자가 나타나고, 타임라인 영역에도 텍스트 레이어에 자막 클립이 나타납니다. 기본 유지 시간은 3초입니다.

플레이어 영역에서 직접 글자 부분을 마우스로 더블 클릭하거나, 텍스트 조정 영역에서 글자를 수정하거나 다시 입력할 수 있습니다.

가끔 캡컷에서 한글 입력 오류가 발생합니다. 빠르게 입력할 때 글자의 순서가 바뀐다거나, 입력한 글자의 맨 마지막 글자가 생략되는 경우인데, 포토샵이나 다른 SW에서도 한글 입력 시 종종 발생하는 문제입니다.

천천히 타이핑을 하면 글자순서는 제대로 입력되고, 마지막 글자 생략 문제는 입력을 완료하고 오른쪽 방향키를 한 번 더 눌러서 해결합니다.

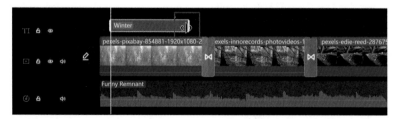

자막 클립의 지속시간도 클립의 끝을 클릭&드래그해서 원하는 시간만큼 늘리거나 줄일 수 있습니다.

글자 꾸미기

캡컷의 글자 속성은 어지간한 워드프로세서 프로그램만큼 다양하게 있습니다. 하나씩 설정을 조절해보면 여타 프로그램과 비슷하니 금방 적응됩니다. 캡컷에는 자체적인 글꼴이 포함되어 있는데, 무료 글꼴이므로 저작권과 상관없습니다. 다만, 여러분이 혹시나 구매하지 않은 유료폰트를 컴퓨터에 설치했다면, 해당 글꼴이 캡컷에서도 사용할 수 있게 나타납니다. 이를 모르고 사용하게 되면 저작권 문제가 생길 수 있습니다.

컴퓨터에 원래 설치된 글꼴은 글꼴 목록을 스크롤 하면 아래쪽에 나타납니다. 캡컷에 원래 포함된 글꼴은 목록 처음에 나옵니다.

글자 쉽게 입력하기

자막을 입력하고 글자 속성에서 영상과 어울리게 각종 설정했다면, 매번 반복하지 말고, 꾸미기가 완료된 텍스트 클립을 복사(Ctrl+C)해서, 원하는 위치에 현재위치표시기를 두고 붙여넣기 (Ctrl+V) 합니다.

각 영상클립의 길이에 맞게 텍스트 클립의 길이를 조절하여 적당히 자막의 지속시간을 맞추고, 복사된 각 글자를 더블클릭하여 수정합니다.

최종 영상 내보내기

캡컷 전체 화면에서 오른쪽 위에 [내보내기] 버튼을 누릅니다. 내보내기는 이제껏 편집한 상태를 새로운 동영상으로 만드는 과정을 의미하는데, 보통 렌더링이라고 부릅니다.

내보내기 설정창에서는 파일명과 저장되는 경로를 지정하고, 아래쪽에 있는 [내보내기] 버튼을 누릅니다. 편집한 전체 영상의 재생 시간, 편집에 사용한 효과 등에 따라서 내보내기에 드는 시간은 천차만별인데, 10분 정도 분량이면 실제 내보내기 시간은 10분보다는 조금 덜 걸립니다.

편집 결과물을 여러 버전으로 만드는 일도 있기에 내보내기는 편집이 완전히 종료되기 전에도 원한다면 중간에 할 수 있습니다. 예를 들면 자막이 있는 버전과 없는 버전, 편집 순서가 바뀌는 버전 등입니다.

영상편집 과정의 이해

지금까지 저자와 함께 캡컷을 설치하고 초기세팅 및 간단한 영상편집 과정을 따라서 해봤습니다. 물론 여기까지 결과물을 완성하는 과정도 어려웠던 분들이 있을 것으로 생각합니다. 설치 및 초기세팅은 단 한 번만 하면 되니 외우거나 기억해야 할 필요까지는 없지만, 영상을 제작하는 과정은 앞으로도 반복적으로 여러분이 스스로 해야 하는 일입니다.

다행스럽게도 대부분의 영상편집 프로그램들은 다음과 같은 제작 프로세스 순서만 기억하고 반복해보면 금세 개념과 원리는 스스로 익힐 수 있습니다. 영상 제작의 뼈대가 되는 프로세스는 다음과 같습니다.

1. 편집할 영상소스(촬영 영상, 다운로드 영상, 사진, 이미지, 음악)를 하나의 폴더에 모아서 정리한다. 편집 도중에 추가되는 소스도 한 폴더에 정리해야 나중에 유실되는 문제를 방지할 수 있다.

2. 보여줄 흐름에 따라 영상소스를 타임라인에 배치해본다. 촬영 시간 순서와는 관계없이 보여주고자 하는 순서대로 배치해야 한다.

3. 영상소스에서 필요 없다고 느끼는 구간을 전부 컷편집으로 정리한다. 최대한 많이 버려야 흡입력 있는 영상 결과물을 만들 수 있다. 이 과정이 제일 중요한 단계인데, 시간과 노력이 매우 필요하므로 제대로 하지 않고 대강 넘어가는 경우가 많다. 더 이상 버릴 게 없을 정도로 타이트하게 컷편집을 해야 한다.

4. 어색한 장면들이 연결된 클립 사이에 적절한 장면전환 효과를 넣는다. 하지만 전환효과는 영상의 흐름을 방해할 수 있으니 최소한만 사용.

5. 어울리는 배경음악을 구해서 적재적소에 배치한다. 보통 영상에 음성이 없어서 지루해질 수 있는 부분을 위주로 배경음악을 넣는다.

6. 필요하다면 정보전달력을 높이기 위해서 자막을 넣는다. 설명 위주의 영상이라면 자동캡션 기능을 활용하면 자막 작업의 시간이 대폭 줄어들게 되므로 적극적으로 활용한다.

7. 컷편집 - 사운드 - 자막 3가지 과정은 필수이지만, 영상 스타일에 따라 배경음악과 자막은 넣지 않아도 무관합니다. 결국 촬영을 잘하고 컷편집에 집중하면 좋은 영상을 만들 수 있다는 말입니다.

8. 색감 보정, 장면전환, 필터, 스티커, 화면효과 등의 기능은 부차적인 요소로 영상편집 과정에 반드시 들어갈 필요는 없지만, 다소 밋밋한 영상을 다채롭게 만들어 주는 효과는 있습니다. 하지만 기본이 없는 영상에 이런 요소들을 많이 넣는다고 영상의 재미나 정보전달력이 높아지지는 않습니다. 화려한 화면에 대한 욕구가 생긴다는 것은 결국 내 영상이 재미가 없음을 스스로 느끼는 것과 같습니다.

내가 만들고자 하는 영상의 수준이 뮤직비디오 수준이 되어야 한다면, 취미 이상 수준의 노력이 필요하겠지만, 단순히 유튜브나 릴스 정도의 콘텐츠를 만들겠다고 하면 역시 기획력이 무엇보다 중요하다고 할 수 있습니다. 영상 제작의 기획력을 높이는 방법은 목표하는 분야의 영상을 많이 보고 많이 따라 하는 방법 말고는 없습니다.

참고 영상을 볼 때 효과가 적용된 부분을 없다고 생각하면서 시청해보는 연습을 해보세요. 그러면 남는 것은 스토리와 정보입니다. 이 두 가지를 어떻게 구성하였는지 파악하는 노력을 게을리해서는 좋은 영상을 만들 수 없습니다.

유튜브를 보면서
캡컷을 배우는 방법
Level Up Skill

기초 영상편집 과정 복습하기

저자가 운영하는 유튜브 채널에 책에서와는 다른 예제로 영상편집 하는 과정을 순서대로 강의해둔 영상이 있습니다.

QR코드를 인식하면, 캡컷 PC 기초강의 재생목록으로 연결되고, 1강부터 차례로 볼 수 있습니다. 책에서 사용한 예제와는 다른 촬영 소스를 사용했으니 복습하기에 좋을 것입니다. 강의에 사용한 소스들은 3강 영상에서 다운로드 방법까지 알려드리고 있으니 직접 받으시고, 따라 해보면서 10강까지 복습해보시면 좋겠습니다.

기초 과정을 배울 때 이렇게 하세요

유튜브에서 배속 설정 기능을 사용하면 빠른 속도로 영상을 볼 수 있습니다. 이미 책을 보고 영상편집의 전체 과정을 따라서 해보셨다면, 동영상 강의를 볼 때 훨씬 이해하기 쉬울 겁니다.

먼저, 동영상 강의를 재생해두고 적당한 재생 속도로 조정해서 영상 내용이 숙지 될 때까지 반복해서 보세요. 영상을 틀어두고 중간중간 멈춰가면서 따라 해보는 건 결과물을 만드는 과정에서 실수는 없겠지만, 머릿속에 오래 기억되지 않습니다.

저자가 초보를 대상으로 교육해보면, 오프라인이건 온라인이건 단순 따라하기식으로 배우는 분들이 실력 향상 속도가 매우 더딘 것을 확인할 수 있었습니다. 자투리 시간을 활용해서 실습하기 전에 몇 번 빠른 속도로 반복해서 보고 과정을 기억하고, 어떤 기능을 써야 내가 하고자 하는 결과가 나오는지를 파악해야 순서나 절차에 상관없이 작업할 수 있게 됩니다. 따라 하기식으로 배우면, 자꾸 순서를 외우려고 하게 됩니다.

물론 여러 번 영상을 봤더라도 실제로 편집해보면 막히는 부분이 있습니다. 그럴 때도 막혔던 부분을 다시 찾아서 보고 바로 실습해보지 말고, 해당 강의를 처음부터 끝까지 빠른 속도로 다시 보세요.

여러분이 막혔다고 생각했던 부분이 이해 부족의 문제인지, 아니면 순서의 문제인지를 스스로 파악할 수 있습니다. 영상편집을 할 때는 무엇을 하고자 하는 과정이 반드시 순서를 지켜야 하는 것은 아닌 경우가 많습니다.

예를 들자면, 컷편집이 완벽하지 않아도 배경음악을 넣을 수 있습니다. 다만 다시 컷편집을 하면 영상의 전체 길이가 달라지니 배경음악의 위치나 재생 시간을 조정해야 할 수 있습니다. 이 과정은 당연한 것이지, 컷편집을 완벽하게 했다고 하더라도 언제든지 수정작업은 필요할 수 있다는 뜻이기도 합니다.

두 번 수정하는 것이 귀찮아서 완벽하게 전 단계를 해야 한다고 생각하면 안 됩니다. 따라서 내가 기억하지 못하는 것이 결국은 순서가 아닌 기능을 사용하는 방법이라는 것을 알게 된다면, 영상편집을 반복할수록 '다음에 뭘 해야 하지?'라는 생각보다는 '이다음에 어떤 기능으로 어떤 효과를 써볼까?' 하는 생각을 하게 됩니다.

저자는 이런 식으로 시간은 조금 오래 걸리지만, 책에서 다루는 예제를 똑같이 만들면서 결과물에 집중하는 것보다는 영상편집 과정 자체를 배우는 것에 흥미를 느끼는 것이 초보 시절에 더 좋은 학습 방법이라 생각합니다. 독자 여러분 캡컷 따위에게 지면 안 됩니다. 더 이상 쉬운 프로그램은 없습니다.

심화 과정을 배울 때 이렇게 하세요

심화 과정은 영상편집의 스킬을 조금 더 올려줄 수 있는 캡컷의 기능과 기능을 응용하여 고가의 프로그램에서 할 수 있었던 편집기법을 알려드리는 강의 내용을 담고 있습니다.

왼쪽 QR코드로 심화 과정 동영상 강의를 볼 수 있는 목록을 열 수 있습니다. 2023년 5월 15일 기준으로 40개의 강의가 등록되어 있으며, 계속 추가될 예정입니다. 심화 과정 강의는 캡컷을 사용하면서 필수적으로 알아야 하는 기능도 있지만 독자 여러분이 목표로 하는 영상을 제작하는 데 굳이 필요 없는 내용을 담고 있는 강의도 있습니다.

단순히 강의 제목이나 썸네일로만 확인하지 말고, 꼭 빠른 속도로 재생해 보고 필요한 부분은 습득하면 영상 퀄리티를 높이는 데 도움이 됩니다.

캡컷 고수의
영상편집 개념 잡기

레이어가 뭔가요?

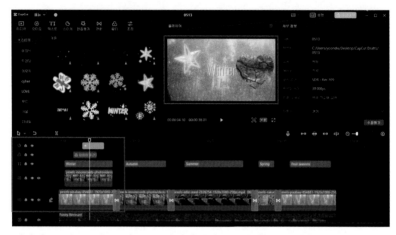

레이어는 말 그대로 계층을 의미합니다. 그래픽, 영상편집 프로그램에서는 눈에 보이는 요소들을 겹겹이 쌓아서 복합적인 이미지를 만들어내는 합성 방법을 종종 사용하게 되는데, 이 요소들이 배치되는 모습이 계단, 계층같이 보여서 Layer라는 표현을 사용합니다.

위 화면을 보면, 플레이어 영역에서는 위에서 내려다보는 방식이므로 계층의 순서가 보이지는 않지만, 타임라인을 보면, 메인 트랙에 놓은 겨울 영상클립 위에 가을 영상 클립이 있고, 그 위에 자막, 필터, 스티커 등의 요소들이 쌓여있는 것을 볼 수 있습니다.

화면 위에서 비슷한 위치에 놓이게 되면 서로 겹치는 부분이 발생해서 계층의 상하관계가 보이게 되기도 하고, 넓은 영역을 차지하는 요소가 아래에 놓은 다른 요소를 가리게 되기도 합니다.

또한 포개어질 때 투명도나 합성방식에 따라서 겹쳐 보이면서 색감이 바뀌기도 하고, 일부의 영역만 보이기도 합니다.

자막도 영상 위에 두고 원래 영상과 함께 볼 수 있도록 만든 것이므로, 레이어 개념이라고 할 수 있습니다. 레이어 개념이 없다면, 모든 요소를 수평(시간개념)으로만 배치하여 시간에 따라 순차적으로만 보이게 만들 뿐 동시에 여러 요소를 같은 시간에 화면에 표현할 수 없습니다.

일기예보 영상도 기본 개념은 레이어입니다. 기상캐스터의 뒤에 기상예보 그래픽 화면을 두고, 기상캐스터를 촬영한 영상을 상위 레이어에 배치합니다. 그리고 두 개의 영상을 동시에 보이도록 하면서, 그래픽 화면도 보여야 하므로, 이때에는 블루스크린이라는 기법을 사용하여, 기상캐스터 주변의 배경색을 제거함으로써 두 영상이 동시에 보이게 만드는 것입니다.

캡컷을 사용하면서 특별히 레이어에 신경을 쓸 부분은 없습니다. 무언가를 넣고 싶은 부분에 현재위치표시기를 두고 삽입하면 알아서 계층구조를 만들기 시작합니다.

주의할 점은, 메인 트랙과 연동되는 것은 일부 레이어만 가능하다는 점입니다. 편집 도중에 필요 없는 영상클립을 삭제하면 해당 영상 위에 포개어진 다른 요소들의 레이어가 그대로 남아서 다른 영상클립 위에 존재하게 됩니다. 신경 써서 작업하지 않으면, 미처 파악하지 못한 레이어들이 그대로 남아서 내보내기를 다시 해야 하는 경우도 생깁니다.

메인트랙에 놓인 영상클립 위에 레이어로 쌓은 다른 영상클립(동영상, 사진, 이미지)은 메인트랙과 연동되지 않으니 주의해야 합니다.

레이어 링크 기능 활성화 차이

타임라인 영역 오른쪽에 있는 [연결 끄기] 아이콘을 눌러두면, 메인트랙에 놓인 영상클립과 레이어 요소들의 연결 상태를 켜고/끌 수 있습니다.

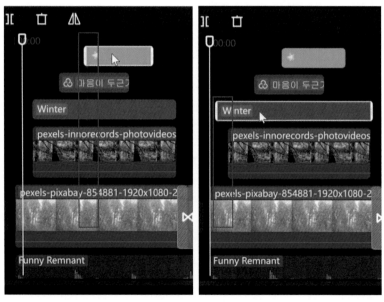

연결된 상태라면, 위 화면처럼 희미한 수직선이 보입니다.

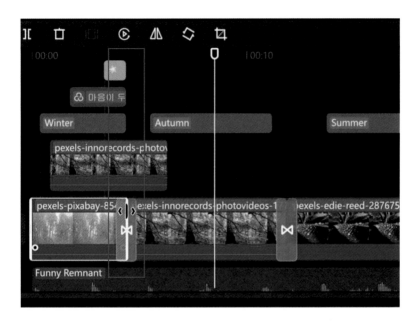

메인 트랙의 영상클립과 연결된 상태에서는 영상클립을 위 화면과 같이 컷편집을 해서 재생 시간이 달라지면, 연결된 레이어의 요소들도 재생 시간이 변하게 됩니다. 하지만 메인트랙의 영상클립과 연결되지 않는 다른 영상클립은 그대로 남아 있습니다.

설명을 보면 그러려니 하는 부분이지만 실제 작업을 해보면 연결 기능을 켜두고 작업할 때가 편하지만 한 것도 아닙니다. 연결 기능은 (~) 단축키를 기본값으로 사용하니 기억해두면 편하게 사용할 수 있습니다.

앞에서부터 P, N, ~, S 단축키를 사용하고, 타임라인 확대/축소도 Ctrl++/Ctrl+- 자주 사용하게 되니 외워 두는 게 좋겠죠?

편집 상태 유지하고 영상만 교체하기

영상편집을 하다 보면, 컷편집과 각종 효과를 다 적용했는데, 영상이나 사진을 교체하는 경우가 발생할 수 있습니다. 타임라인에 배치된 클립을 삭제하고 다시 그 위치에 동일한 과정을 반복해서 적용하려면 여간 귀찮은 일이 아닙니다.

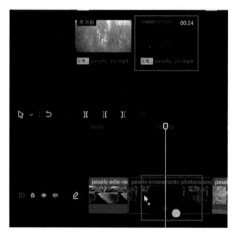

교체하고 싶은 영상을 클릭&드래그하여 타임라인에 교체하고 싶은 클립 위에 끌어다 놓게 되면, 교체할 타이밍을 확인하는 팝업창이 나타납니다.

교체할 영상이 원래 영상보다 길이가 길다면, 이렇게 어느 부분을 사용할지 확인하게 되고, [원본 동영상 편집효과 사용]을 체크합니다.

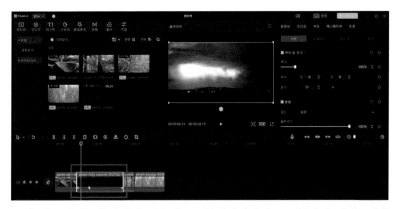

교체 완료된 후 확인하면 적용된 효과(애니메이션, 크기/위치 변경, 색감 조절 등)도 그대로 유지되고, 전체 영상의 길이나 편집 상태는 변함없이 유지되는 것을 볼 수 있습니다.

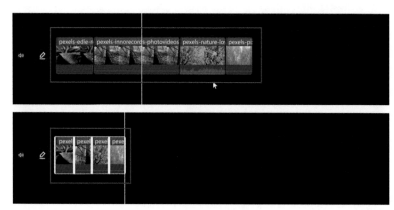

첫 번째 이미지와 같이 원본 상태의 영상 클립들을 나열하고, 두 번째 이미지와 같이 각각의 재생 길이가 비슷하게 클립들을 컷편집 하였습니다.

적당한 전환을 하나 적용하고 [전체 적용]으로 모든 클립 사이에 전환기법을 추가합니다.

복합클립을 만들고 싶은 요소들을 모두 한꺼번에 선택하고, 선택한 클립 위에서 마우스 오른쪽 버튼을 누르면 메뉴 팝업창이 나타납니다. [복합클립 만들기 (단축키 Alt + G)]를 눌러서 복합클립으로 전환합니다.

복합클립은 마치 하나의 영상처럼 캡컷에서 인식됩니다. 어떤 요소들을 선택하든지 한꺼번에 선택된 요소들은 내보내기를 해서 하나의 영상으로 만든 후에 다시 캡컷에 영상을 가지고 온 것과 결과는 같지만, 복합클립 은 다시 해제시켜서 원래대로 만들 수 있습니다.

다만, 복합클립 자체에 어떤 효과나 편집을 적용했다면, 복합클립을 해제 하는 경우 적용한 기능한 다 없어지고, 원래 복합클립을 만들기 전 상태 로 돌아갑니다.

반드시 실제 편집을 해보기 전에 충분히 연습해서 복합클립의 개념을 익 혀둬야 제대로 활용할 수 있습니다.

복합클립을 만들면 할 수 있는 일

복합클립은 마치 하나의 영상클립처럼 인식된다고 했습니다. 응용하기에 따라서 다양하게 사용할 수 있으니 아래 케이스를 직접 해보기를 바랍니다.

단, 복합클립은 단 1회만 가능하며, 복합클립을 다시 복합클립으로 만들 수 없게 되어 있습니다.

- 영상소스에 포함된 소리가 작아서 볼륨 조절했으나, 볼륨 최대치가 20이라서 더 이상 소리를 증폭시키지 못할 때, 복합클립으로 만들고 다시 볼륨 수치를 높일 수 있습니다.

- 화면에 여러 개의 사진을 배열하고 동시에 애니메이션을 만들 수 있습니다. 그룹 기능(Ctrl+G)으로 묶었을 때는 불가능합니다.

- 중심축으로 공전하는 이중 애니메이션을 만들 수 있습니다.

- 가편집 시, 여러 개로 쪼개진 자잘한 영상 클립들을 하나로 묶어서 하나의 동영상처럼 사용할 수 있습니다.

- 조정 레이어 기능이 없어서 클립을 하나씩 선택해서 효과를 적용해야 할 때 반복 작업 없이 한 번에 끝낼 수 있습니다.

- 여러 개의 레이어 층으로 나뉘어 편집 작업이 불편할 때 복합클립으로 묶으면 1개의 레이어만 사용할 수 있습니다.

반드시 써야 하는 기능, 자동캡션

자동캡션 기능을 지원하는 영상편집 프로그램은 상당히 많습니다. Vrew, 프리미어에서도 음성인식으로 영상의 음성을 글자로 만들어주는 기능이 있지만, 저자가 1년 이상 테스트 해 본 결과로는 어이없게도 가장 뒤늦게 영상편집 프로그램을 내어놓은 캡컷이 PC 버전, 모바일 버전 관계없이 가장 훌륭한 성능을 보여주었습니다. 한국어 음성 인식률은 동일한 영상으로 테스트 결과 1위이며, (딕션에 따라 차이는 있으나) 저자의 경우에는 97% 이상의 정확률을 보여줬습니다. 정확률은 오타 발생률이 3% 미만이라는 뜻입니다.

목소리가 들어간 영상을 타임라인에 배치하고, 텍스트 영역에서 [자동캡션]을 선택한 후, 한국어 표시로 변경하고, 변경 버튼을 누르면 영상의 길이에 따라 시간이 어느 정도 소요된 다음, 자막을 만들어 줍니다. 소리 타이밍에 딱 맞춰서 자막 클립이 생성되므로, 수작업으로 일일이 타이밍에 맞춰 소리를 듣고 자막을 직접 입력하는 것보다 수십 배 이상 시간을 단축할 수 있습니다.

오탈자가 전혀 발생하지 않는 것은 아니라서, 생성된 자막을 검토해보고 잘못 인식하여 엉뚱한 글자가 보인다면 하나씩 수정해서 고쳐야 합니다만, 오타율이 다른 프로그램에 비해서 엄청나게 낮은 수준입니다.

만일 오타율이 높다면, 여러분이 촬영할 때 소리가 아주 작게 녹음되었거나 동시에 다른 목소리나 잡음이 녹음되었을 수 있고, 혹은 발음이 부정확한 경우에 해당합니다.

자동캡션은 영상에 목소리가 포함된 경우와 캡컷에서 목소리 녹음 기능을 사용하여, 직접 나레이션을 한 경우에만 사용할 수 있고, 외부 파일 MP3 등의 녹음에서는 사용할 수 없습니다.

촬영 시 주변 소음으로 어쩔 수 없이 별도의 녹음기를 사용해서 MP3 파일을 캡컷에 불러와 영상과 싱크를 맞춰서 편집을 해야 할 때는 싱크를 맞추고 난 다음, 복합클립으로 만들어서 하나로 묶고 자동캡션 기능을 사용할 수 있습니다.

자동캡션 기능으로 만든 자막은 수동으로 입력한 자막과는 다르게 전체 동시 편집 기능을 제공하므로, 서체나 색상, 위치 등 글자 속성에서 수정할 수 있는 모든 작업을 한꺼번에 제어할 수 있다는 장점도 있습니다.

블루스크린 없이도 배경제거 가능

영상 합성에서 제일 중요한 기능이 영상에서 배경을 제거하는 과정입니다. 보통은 블루스크린, 키잉이라고 부르는 피사체 뒤에 초록색, 파란색 배경지를 대고 촬영을 한 다음 영상편집 프로그램에서 단일한 배경색을 제거하면 피사체만 남는 방법인데, 캡컷에서도 블루스크린 방식의 배경 지우는 방법은 제공됩니다. [자동오려내기] 기능을 사용하면, 배경지조차 없어도 피사체만 구분하여 남겨줍니다. (인물일 경우에만 사용 가능)

다양한 저작권 무료 스티커 활용

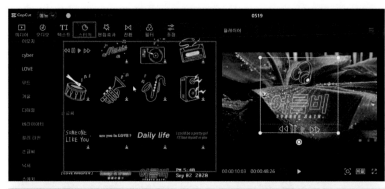

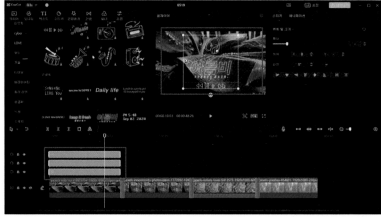

캡컷이 프리미어나 파이널컷과 다른 장점은 다양한 무료 소스를 프로그램 내에 제공한다는 점입니다. 다양한 카테고리로 분류된 엄청난 양의 스티커를 이용하면 아주 단순한 영상에도 효과적인 표현이 가능해집니다. 단, 커스터마이징은 불가해서 있는 그대로만 사용해야 합니다만, 속성에서 애니메이션을 적용하여 역동적인 움직임을 줄 수 있습니다.

저작권 문제없는 효과음 사용

캡컷에는 내장된(인터넷 접속 상태에서만 사용 가능) 배경음악과 효과음을 사용할 수 있습니다. 배경음악은 저작권 문제로 SNS나 유튜브용 동영상을 만들 때는 사용할 수 없습니다. 저자도 음원은 유료 사이트에서 비용을 지불하고 내려받아서 사용합니다.

효과음은 저작권에서 자유롭게 사용할 수 있습니다. 1초 정도가 되는 아주 짧은소리부터 몇 분씩 되는 긴 효과음도 제공하며, 화면에 무언가가 등장할 때 주의를 집중시키거나, 장면전환에 함께 사용하면 효과적입니다.

특히 자연의 소리가 다양해서, 반복해서 사용해야 하는 빗소리나 파도 소리 등을 사용하기에 편합니다.

캡컷 PC 베이직 - 프리미어보다 편한 영상편집 프로그램

발　행 | 2023년 06월 06일
저　자 | 이 동 윤

펴낸곳 도서출판 윤들닷컴
출판사등록 2017.06.01.(제2017-000017호)
주 소 부산광역시 해운대구 선수촌로 146-4, 101-1202
전 화 010-9288-6592
이메일 orangeki@naver.com
ISBN 979-11-92581-09-5

www.yoondle.com